我的第一套安全书

居家安全

我的第一套安全书编委会 编

 吉林出版集团股份有限公司 | 全国百佳图书出版单位

版权所有 侵权必究

图书在版编目（CIP）数据

居家安全 / 我的第一套安全书编委会编. — 长春：吉林出版集团股份有限公司,2014.1（2021.6重印）
（我的第一套安全书）
ISBN 978-7-5534-3498-8

Ⅰ.①居… Ⅱ.①我… Ⅲ.①安全教育－儿童读物 Ⅳ.①X956-49

中国版本图书馆CIP数据核字(2014)第003245号

我的第一套安全书
JUJIA　ANQUAN
居家安全

出版策划：	孙　昶
项目统筹：	孔庆梅
项目策划：	于姝姝
责任编辑：	于姝姝
责任校对：	颜　明
制　　作：	（电话：010-52089365）
出　　版：	吉林出版集团股份有限公司（www.jlpg.cn）
	（长春市福祉大路5788号，邮政编码：130118）
发　　行：	吉林出版集团译文图书经营有限公司
	（http://shop34896900.taobao.com）
电　　话：	总编办 0431-81629909　营销部 0431-81629880/81629881
印　　刷：	三河市燕春印务有限公司 （电话：15350686777）
开　　本：	720mm×1000mm　1/16
印　　张：	9
字　　数：	60千字
版　　次：	2014年4月第1版
印　　次：	2021年6月第3次印刷
书　　号：	ISBN 978-7-5534-3498-8
定　　价：	38.00元

印装错误请与承印厂联系

部分安全警示标志牌

 禁止烟火  禁止带火种  禁止跳下  禁止抛物

 必须穿救生衣  必须系安全带  必须戴防护帽  禁止触摸

 禁止攀登  禁止游泳  禁止通行  禁止入内

 禁止跨越  禁止倚靠  当心夹手  当心车辆

 注意安全  当心坠落  当心触电  当心跌落

 紧急出口  避险处  急救点  当心吊物  当心碰头

常用的报警电话号码

报警求助拨打110：电话接通后要按民警的提示讲清报警求助的基本情况，现场的原始状态，有无采取措施，犯罪分子或可疑人员的人数、特点、携带物品和逃跑方向等。打110还要提供报警人的所在位置、姓名和联系方式。

交通事故拨打122：电话接通后要说明事故的发生地点、时间、车型、车牌号码、事故起因、有无发生火灾或爆炸、有无人员伤亡、是否已造成交通堵塞等。还要说出你的姓名、性别、年龄、住址、联系电话。

火警拨打119：电话接通后要准确报出失火地点的详细地址、什么东西着火、火势大小、有没有人被困、有没有发生爆炸或毒气泄漏以及着火的范围等。同时，将自己的姓名、电话号码告诉对方，以便联系。

医疗救护拨打120：电话接通后讲清病人所在的详细地址。说清病人的主要病情，使救护人员能做好救治设施的准备。报告呼救者的姓名及电话号码。准备好随病人带走的药品、衣物等。在等待救护车的过程中如果病人病情有变化，一定要及时向120急救中心说明情况。

目 录

01 独自在家 / 1
02 被反锁在了屋里 / 9
03 我和宠物狗 / 17
04 洗澡有学问 / 27
05 和小伙伴在家里 / 33

06 合理看电视 / 41
07 警惕隐形的伤害 / 49
08 小心！有毒！/ 59
09 嘴馋惹的祸 / 67

目录

10 电源插座有危险 / 75
11 紧急电话号码簿 / 83
12 陌生人敲门 / 89
13 家里有盗贼怎么办 / 97
14 天然气泄漏怎么办 / 101

15 水管漏水怎么办 / 105
16 使用微波炉时如何进行安全防护 / 111
17 被开水烫伤怎么办 / 117
18 突然停电怎么办 / 123
19 厨房里的安全隐患 / 129

01 独自在家

● 爸爸爱维尔和妈妈朱琳要去参加一个很重要的会议,他们本想把乔治和琳达托付给邻居照顾,不过乔治和琳达都说:"我们已经长大了,可以自己照顾自己了!我们会乖乖待在家里,没有问题的!"

爸爸妈妈想到乔治已经十一岁了,是时候锻炼一下他的独立能力和负责意识了,便说:"好吧,乔治,你要照顾好妹妹。你们一定要乖乖的,除了厨房里的熟食可以随便吃,其他东西都不可以随意碰触。"

● 乔治和琳达都说:"我们知道了。"

● 朱琳再三嘱咐两个孩子道:"如果有陌生人来敲门,千万不能开门,知道吗?"

● 乔治和琳达说:"知道了!"

● 玩了几小时后,乔治和琳达两人肚子都饿了,于是乔治就去厨房拿吃的东西。

● 冰箱里有很多好吃的,乔治仔细挑选了一些食物后简单处理了一下,做出了一顿还算丰盛的饭菜,兄妹二人愉快地享用着。

●吃了一会儿,乔治忽然意识到,香肠太大了,妹妹吃起来很不方便,于是就把香肠放到菜板上,准备用刀切一下。他拿起菜刀,用力向香肠切去,可香肠皮太厚了,乔治手一滑,刀子就偏离了方向,切到他抓着香肠的左手上。

●乔治惊恐地叫了一声。刀划伤了他的手指,所幸不算太严重,只留下一道浅浅的口子,有轻微的疼痛,并且流了一点儿血。

●琳达闻声过来,看到哥哥手上的伤口,吓得不轻。乔治毕竟是哥哥,还算镇定,先把伤口用清水冲洗干净,然后找出干净的纱布,简单包扎了一下,就带着妹妹离开了厨房。

刚来到客厅，门铃就响了。正需要帮助的小兄妹俩几乎是下意识地跑到了门口，刚想开门，突然想起了妈妈朱琳的话，乔治急忙大声问："你是谁？"

门外那人回答说："我叫杰姆，想为你们介绍一款非常好用的清洁产品，你能开一下门吗？"

乔治和琳达对视了一眼，琳达想上前将门打开，手都已经放到门把手上了，突然被乔治拦住。

● 乔治认真地对琳达说:"你忘记妈妈走之前说的话了吗?"

● 琳达听后,连忙后退几步,将手拿开,不说话了。

● 乔治扬声对门外的人说:"我们的爸爸妈妈不在家,请你改天再来吧。"

门外的推销员继续说了许多话，甚至很大声地敲门，可是不管他说什么，乔治兄妹都不再理会了。最后，乔治对着外面的推销员大声说："如果你再敲门，我就报警！"

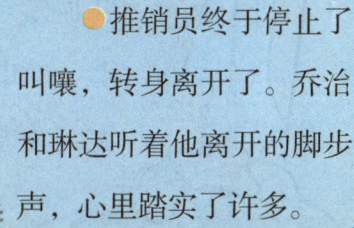

推销员终于停止了叫嚷，转身离开了。乔治和琳达听着他离开的脚步声，心里踏实了许多。

爸爸妈妈回来后，乔治和琳达把今天发生的一切都告诉了他们。作为乱拿厨房用具的惩罚，乔治被爸爸爱维尔弹了一下脑门；作为不给陌生人开门的奖励，妈妈朱琳亲吻了小兄妹俩。

★厨房里的很多器具,例如:菜刀、水果刀等利器以及炉灶等能够燃火的灶具,都很危险,小孩子是不能乱碰的,不然可能会造成严重的后果。

★小孩子独自在家时,一些不法之徒往往利用未成年人戒备不足、警惕性差、容易哄骗等特点,骗取孩子信任后实施犯罪,所以家长一定要对孩子加强防范危险的教育,告诉孩子,独自在家时,千万不要给陌生人开门。一旦遇到纠缠不清的人,应拨打110报警。

02 被反锁在了屋里

● 这一天,琳达突然肚子疼,而且疼得特别厉害,妈妈急急忙忙地带她去了医院。因为走得太匆忙,把还在房间里睡觉的乔治给忘了。

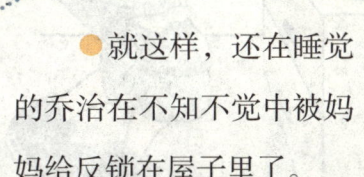

● 就这样,还在睡觉的乔治在不知不觉中被妈妈给反锁在屋子里了。

● 乔治醒来后,觉得肚子很饿,就去厨房找了点儿东西吃。吃饱后,他看了看时间,准备出门。

原来,乔治约好下午三点和朋友们在公园会合,他们要一起去公园附近的那所小学踢场友谊赛。

乔治一切都准备好了,可临走时,却怎么也没办法将门打开。他找了一圈,发现家中除了自己,并没有其他人。苦恼的乔治只好到处去找钥匙。

乔治几乎把整个家翻遍了,也没找到钥匙。而且,门是反锁的,就算有钥匙,也得找人帮忙从外面开门。这下可把乔治急坏了!

看看时间，快到约定的时间了。乔治心想，男子汉说到做到，答应了的事情就必须完成！一想到这里，乔治决定，无论如何都得出去！

在屋子里又转了好几圈，还是没有想到靠谱的办法。来到阳台上四处张望了一会儿，他发现防盗窗是上次琳达差点跌下楼去后爸爸新装上的。防盗窗的铁栏杆空隙不大不小，乔治觉得自己应该可以钻过去。

于是，他先把腿迈了出去，然后是身子，最后是头，他一边庆幸着这样应该就不会迟到了，一边努力着想把头探出来。

●想到马上就能和朋友一起去玩，乔治开心极了，于是更用力地向外挣扎，却突然停住了。

●原来，他的耳朵正好被卡住了！乔治用力往外伸头，可脑袋没出去，反而卡得更紧了。

●乔治想，看来是钻不出去了，还是退回去吧。没想到，往后退也退不了，头被卡得死死的。

● 乔治挣扎了几下，毫无作用，头被卡得更紧了，还隐隐有些疼。他不甘心地继续挣扎，头被挤得越来越疼了。

● 乔治开始觉得害怕了，也不知道妹妹、妈妈和爸爸什么时候才能回来。

● 他大声喊叫，希望可以得到别人的帮助，可倒霉的是周围连个人影都没有。叫了半天，乔治再也忍不住，大声哭了起来。

所幸，哭了没多久，妈妈就带着琳达回来了。

她们看到乔治狼狈的模样，来不及询问到底发生了什么事情，就连忙赶到乔治身旁。

最后，还是妈妈找来了钳子把铁栏杆拉宽，乔治才把头抽了出来。他哭着向妈妈表示再也不干这样的傻事了。

安全提示！

★当大人有意或者无意地把孩子反锁在家里的时候，孩子千万不要试图通过其他方法离开家里。尤其不能从防盗门、防盗窗钻出去或者从阳台上跳下去，或者采取一些其他危险的方法。因为从防盗门、防盗窗钻出去有可能被卡住，而从阳台上跳下去，轻微的会导致摔伤，严重的会导致手脚骨折，甚至造成生命危险。

★如果被反锁在屋里，应该想办法联系家长，可以给爸爸妈妈打电话，或者求助于邻居，让他们帮你找到爸爸妈妈。

03 我和宠物狗

乔治过生日的时候，爸爸爱维尔给他买了一只可爱的宠物狗当作礼物，这可乐坏了乔治。

乔治对这只宠物狗爱不释手，几乎每天都和它在一起，白天跟它一起玩，晚上跟它一起睡。

琳达也非常喜欢这只狗，经常和乔治一起陪它散步，并给它起了好听的名字。这只狗狗很快就成了这个家庭的一员。

● "乔治，你的狗太脏了，应该给它洗澡了。"爱干净的妈妈提醒乔治说。

● "好的，妈妈！"说完，乔治就抱着小狗进了浴室。

● "宝贝，别怕！"乔治刚打开淋浴的喷头，小狗就吓得到处跑。乔治把它抓住，想给它洗澡，可小狗却并不顺从，它不乐意地挣扎着，还不停地叫。

● "好吧，宝贝，我们随便洗一下就好了。"看它这么可怜，乔治实在不忍心，就把身上刚刚沾了点水的小狗抱了出来，就算给它洗过澡了。

● 在之后的日子里，每次洗澡，小狗都要挣扎、哀叫，乔治不忍心看它受此"折磨"，于是每次给它洗澡都是只沾沾水而已。实际上，这只小狗一次真正的澡都没洗过。

● 这天，乔治、琳达和狗狗玩接球游戏，狗狗非常聪明，乔治拍拍它的脑袋，正在想要怎么奖励它的时候，突然觉得身上很痒。

● 乔治一会儿挠挠这儿，一会儿挠挠那儿，显得很不舒服。爸爸爱维尔觉察到了他的异样，问道："亲爱的乔治，你这是怎么了？"

● 琳达第一个发现了乔治身上的虫子，她叫道："爸爸，你快看哥哥身上，这些都是什么啊？"

"天啊！竟然是跳蚤！"爸爸惊讶地叫了起来。

● "哪来的跳蚤啊？"妈妈也走过来察看乔治的身上。

●爸爸突然想到了什么,严肃地问:"乔治,你有给你的宝贝狗洗澡吗?"

●乔治结结巴巴地说:"我……我有给它洗,可……可是,它总是不愿意。所以,洗得不太干净……"

爸爸不禁叹了口气,说:"动物一开始都怕水,习惯了就好了。你看,你不认真给它洗澡,现在,不光它生了跳蚤,连你也生跳蚤了。照这么下去,咱们全家都会被跳蚤'侵占'的!"

●乔治非常惭愧,连忙道歉:"对不起!"

还好，家人都原谅了他。爸爸挽起袖子，说："来，我教你怎么给狗狗洗澡。"

乔治听了，开心地抱起小狗，和爸爸一起走进了浴室。

爸爸先安抚了有点儿怕水的小狗，待它平静下来之后，先轻轻地淋湿它的毛，然后从腿脚开始，给它用上宠物沐浴露，彻底给它清洗了全身。小狗在爸爸手里显得非常温驯，甚至好像很享受这一次的泡泡浴呢！

● 给小狗洗完澡后,一家人也痛痛快快地洗了澡。

● 妈妈还买了驱除跳蚤的药,经过几天的努力,家里的跳蚤终于被彻底消灭了。

● 自那以后,乔治每次都认真负责地给小狗洗澡。小狗洗的次数多了,也就习惯了,不但不再挣扎,反而喜欢上了洗澡。

安全提示！

★动物是我们人类的朋友，我们要好好地和它们相处。不过，动物的身上有许多病菌，所以，在与它们接触的时候，一定要注意卫生，在摸过动物后，要洗过手再吃东西，一定要经常给宠物狗洗澡。

★狗和人相处的时间越久就会变得越亲密，但是狗可能会有狂犬病，所以一定要给自家的宠物狗打狂犬疫苗！

★如果是流浪狗，千万不要接近它，更不可以随便碰它或者逗它，以免被咬伤。

04 洗澡有学问

● 夏天是非常炎热的季节，可乔治很快乐，因为每天他都可以和伙伴们到运动场锻炼。踢足球和打篮球，都是乔治喜欢的运动。他每次都是清清爽爽地出门，满身大汗地回家。妈妈一看到乔治这个模样，就要催他快点去洗澡。

"好的，妈妈！不过，要等一会儿，我实在太累了，要休息一会儿。"乔治答应着妈妈，却并不立刻行动，而是疲惫地瘫倒在沙发上。

● 因为太累，乔治夏天冲澡的时候，都是随便冲洗一下就出来，所以他洗澡的时间不过是短短的三分钟。

● 而妹妹琳达和哥哥完全不一样，琳达每次洗澡都洗得特别仔细，拿香喷喷的香皂细细地搓洗全身，把身上的灰尘污垢洗得干干净净。所以琳达洗澡的时间很长，有时甚至需要一个小时呢！

● "哎呀，怎么这么痒啊？"这天，乔治运动回来后觉得身上特别痒，挠了又挠，还是痒。不一会儿，他的身上就长出了许多红红的小包。

● 乔治吓了一跳，赶紧去找妈妈："妈妈，你看看我身上起的是什么啊？"

● 朱琳检查了一遍，对乔治说："你指甲里有污垢和细菌，经常抓挠，皮肤受到伤害，细菌和污垢就进到身体里了，于是就长出了小红包。"

● 明白了事情的原委后，乔治恍然大悟，涨红了脸。在以后的日子里，乔治洗澡再也不偷懒了。

● 可是，没过几天，琳达的身上也起了一层细密的小疙瘩，又痒又疼。

妈妈仔细查看后,摸摸琳达的肩说:"你有可能是香皂过敏,你是不是每次洗澡的时间过长啊?"

朱琳说:"小孩子洗澡是很有学问的。时间要控制在15到30分钟之间,洗的时候不能太饿或者太饱,水温也要控制在35摄氏度到40摄氏度……洗澡时不要过分使用香皂,因为小孩子的皮肤是非常敏感的。"

琳达将妈妈的话牢牢记在了心上。

安全提示！

★洗澡，能清除汗垢油污，消除疲劳，舒筋活血，改善睡眠，提高皮肤的新陈代谢功能和抗病力，而且通过温水的浸泡，还能够治疗某些疾病。

★在洗澡时，水温不宜太高，一般以35摄氏度到40摄氏度的温水为宜。因为过高的水温会对我们的身体造成伤害，而且高温会使室内氧气减少，造成窒息。

★洗澡的次数不能太多，洗的次数太多容易引起皮肤瘙痒等症状，皮肤的抵抗力也会因此而减弱，反而容易得病。

05 和小伙伴在家里

● 今天,爸爸妈妈不在家,于是乔治约了他的小伙伴们来家里玩。

● 大家一起在家里打电子游戏,可是没过多长时间,乔治觉得没意思,就提议说:"我们来玩水枪游戏吧!"

● 听到这个建议后大家纷纷说好。"来,这些给你们!"乔治找出了家里所有的水枪,分发给大家。

● 两人你一枪我一枪地玩得不亦乐乎，没一会儿，地板上就到处都是水了。

● 又过了一阵子，一直在屋子里看书的琳达出来喝水，刚走了没几步就踩到地板上的水，脚下打滑，重重地摔倒在地板上。

● 这一下摔得特别重，琳达疼得大声哭了起来，她甚至没有办法自己站起来。

●听到哭声的乔治急忙冲了过来，刚踏进厨房，也踩到了水上，一个重心不稳，也狠狠地摔倒在地板上。

●乔治疼得龇牙咧嘴。闻声赶来的小伙伴们毫无防备，也都接二连三地滑倒在地板上。

大家疼得直哼哼，看着地板上的水，乔治明白，罪魁祸首就是他们自己。

●就在这个时候妈妈和爸爸回来了，他们看着地板上的水渍和横七竖八地躺在地板上的孩子们，又好气又好笑。

妈妈把孩子们一个个扶起来，仔细检查他们有没有受伤。

爸爸也没有闲着，他拿来拖布，开始擦地板上的水。乔治也来帮忙，他们一起把地板擦得干干净净。清理完毕后，爸爸弹了乔治的脑门一下，说："知道自己错在哪儿了吗？"

乔治点点头，说："我们不该在屋子里玩水枪。"

爸爸说："还有呢？"

还有呢？

● 乔治想了一下，问："还有吗？"

● 爸爸看着大家说："在家里玩游戏，除了要注意自身安全外，还要保护家里的物品。要是我们再晚回来一会儿，地板是不是就被水给泡坏了呀？"

● 乔治明白了爸爸的意思，点了点头。想到摔倒的妹妹还有小伙伴们，连忙去向他们道歉。

● 小伙伴们也都懊悔自己的调皮，纷纷摆手说没有关系。就这样，吃完晚饭，爸爸妈妈带着大家一起去外面踢足球了。

安全提示！

★不要在屋子里玩水。在屋子里玩水的话，不但会弄湿家具和地板，还有可能造成更严重的后果，可能引发漏电事故，给周围的邻居带来困扰，在潮湿的地面上玩耍容易生病，等等。

★屋子的地板上如果有水渍，一定要擦干净，否则不小心踩上去，会滑倒甚至摔伤。

★做错了事情一定要懂得善后，该道歉的道歉，该弥补的弥补，要为自己做错的事情负责任。

06 合理看电视

- 暑假到来，乔治可开心了，因为他终于可以尽情玩乐了。

- 乔治早就罗列出了玩乐计划，想好了该去什么样的地方玩什么样的游戏，可是，计划没有变化快。

- 暑假期间，一部特别特别好看的动画片上映了。乔治非常喜欢这部动画片，所以，原本的计划全被这部动画片打乱了。

动画片是连续播放，一播就是一天。乔治于是天天守在电视机前面，一看就是一天，眼睛都不舍得眨。

"乔治，走，跟我们一起去踢球吧！"小伙伴们来邀乔治出去玩。

"我不去了，你们去吧！"乔治动都不动，还是盯着电视机。伙伴们见喊不动乔治，就离开了。

乔治就像被那部动画片迷住了一样，紧紧地盯着电视机，生怕漏掉了一分一秒。

"乔治,你需要出去走走。眼睛总盯着电视,对视力很不好的。"爸爸过来提醒乔治。

"好的,爸爸。我看完这一集就出去走走。"

"好吧,乔治,记住你说的话,我现在要去上班了。"说完,爸爸就走了。

● 爸爸走后，乔治完全忘记了自己说过的话。他依然坐在那里，一动不动地盯着电视看。

● 就这样过了一个星期，乔治觉得眼睛好像变模糊了，就像隔着一层纱布看东西一样，很不舒服，但是他依旧舍不得让眼睛休息一下，还是继续坐在那儿看他的动画片。坐着看累了，就歪着身子靠在沙发上看；肚子饿了，就边吃零食边看。

又过了一个星期，乔治看东西已经有些模糊了，就连他最喜欢的动画片，也只能看到模糊的一片。

● 乔治这才开始觉得害怕，他连忙去找妈妈，说自己的眼睛看不清楚东西了。

● "你爸爸每一次出门前都让你休息一下，不要老盯着电视机，你也都答应了他，但有没有做到？"妈妈朱琳大声问道。

● 乔治低下了头，不敢讲话。

● 妈妈先给乔治做了一番检查，觉得问题比较严重，于是立即带他去了医院。医生一番检查之后，得出的结论是：眼睛过度疲劳，导致了假性近视和假性斜视。

● 医生警告乔治:"你不能再那样看电视了。否则,眼睛就会变成真近视,真斜视,到时候就必须要戴眼镜。眼睛一旦离了眼镜,看什么都模糊。不仅如此,眼睛变坏了,会更容易疲劳、干涩,到时候眼睛会天天难受。"

● 医生的这番话彻底地吓到了乔治。乔治说:"我可不想眼睛天天不舒服,更不想戴上近视镜,那样一点儿也不帅气。"

● 回到家后,乔治每天都坚持做眼部按摩,就连喜欢的动画片也只是每天看半小时,非常有节制。他找出了自己之前做的那份暑假计划,开始了健康的学习和游戏。就这样,他的眼睛很快就好起来了。

安全提示！

★ 眼睛是我们的心灵之窗，是我们身体的重要器官，我们一定要好好爱护它。不合理地用眼，会造成轻微的眼部干涩，看东西模糊，严重的甚至可能会导致失明。

★ 电视对我们眼睛的影响很大，所以作为父母，应该了解孩子喜爱看的电视节目，并选择适合他的年龄观看的节目。

★ 如果眼睛出现不适，要立刻告知家长，去医院进行检查。

07 警惕隐形的伤害

● 今天实在难得，爸爸陪着妈妈和琳达去逛街了。对乔治来讲，这简直是个千载难逢的好日子！他立刻决定呼朋唤友，把杰克他们全都请来，大家一起过一个开心无比的"逍遥日"。好吧，这就电话通知！

● 杰克接到乔治的电话很开心，放下电话后马不停蹄地往乔治家里赶。

● 乔治更神速，他趁着朋友们到来之前，已经翻遍了厨房以及冰箱的每个角落，找出了他能找到的所有好吃的，这些食物几乎堆成了一座"小山丘"。

● 嘿嘿，爸爸送的变形金刚一定要拿出来，这是最新的声控款，他们一定都没玩过，乔治暗想。

● 咚！咚咚！"来了，是杰克吗？"乔治听到敲门声，欢呼着跑到门口，一把拉开了家门。可是他打开门才知道，原来是邮递员叔叔来了。

● 邮递员叔叔站在门口说道："是我，乔治，这里有你爸爸的挂号信——只有你一个人在家吗？你怎么不问问我是谁就开门了？这样做可太危险了！"

"的确，我太疏忽了，还以为是杰克来了。"乔治一脸不好意思。

等待的时间过得真慢，等了好久好久，终于传来了第二次敲门声，这回乔治学乖了，他隔着门问："谁呀，谁来了？"

"是我，我是杰克，快开门，乔治，大家都来喽！"门外的杰克回答。

● 乔治听到了熟悉的声音，赶紧打开门，以杰克为首的朋友们一哄而入。"天呐，到我家只有两站地，你们为什么才到呢？等得我都急死了！"乔治抱怨道。

● "对不起，乔治，我们是散步来的。"杰克解释道。

● "好吧，我原谅你们，别啰唆了，快去厨房，帮我把吃的东西搬出来！"乔治吩咐道。

● "Yes, sir（遵命）！看我们的。"朋友们统统拥进厨房，然后像蚂蚁搬家那样，每人手里都提着东西，排队往外走。

● 搬运食物这件事原本进行得很顺利，哪知即将完工的时候，排在队尾的杰克突然发出了一声惨叫。

"天呐，不妙！"乔治扭头一看，果然，杰克捂着鼻子坐在了地上。伙伴们扔下手里的东西，全都围了过来。

● "血,我的鼻子流血了!"杰克举起手掌一看,立刻晕了过去,原来,他晕血。

● 乔治焦急地说:"卡卡,扶着他,我去弄个湿毛巾来!"

● "我怎么了?这里发生了什么事?"刚刚用湿毛巾擦过脸,又经过大家千呼万唤,杰克终于苏醒了,但是他好像得了健忘症一样,看看这个,问问那个。

● "行了,杰克,起来去沙发上坐坐吧——你撞到玻璃拉门上了!吓得我魂儿都快飞了。"乔治摸摸杰克的脑袋说。

"是吗?谢天谢地我还好好的,只是有点头晕哦!谁来扶我一把?"嘿嘿,杰克故意弯起腰,学老爷爷。

"杰克,你怎么不看路啊?这么多人只有你撞到了。"卡卡晃晃玻璃门,问杰克。

"这也不能全怪我,你看那个玻璃门,干干净净的,好像不存在一样!"杰克辩解道。

"哇，有办法了，我们做个玻璃贴画吧——我妈妈就是这么做的！"卡卡一拍脑门儿，突然想出一个好办法。

"对呀对呀！其实，我爸爸已经买过玻璃贴画了，那是个蔚蓝海洋世界哦——但是我实在太喜欢那幅贴画，所以把它据为己有了。"乔治检讨道。

杰克说："看来，你应该对我的摔倒负一半责任！"

"对不起，杰克，现在，我们赶快贴画吧，决不可以让撞门惨案再次发生了！"乔治真诚地表示歉意，并打算立刻采取补救措施。

安全提示！

★ 玻璃门、玻璃窗、玻璃茶几……我们家里的玻璃还真不少。通常情况下，玻璃表面光滑，用途广泛，一点儿也不可怕。然而一旦破裂，它们瞬间就会变成伤人利器。

★ 由于多数玻璃都是透明的，稍不留神就可能撞到，尤其在自家以外的陌生环境里。所以，当我们去商场或者餐厅等公共场所时，更要提高警惕。

★ 有些时候，我们会在玻璃破碎的现场发现残存的玻璃碎片，一定不要捡来玩。正确做法是立即通知家长，将这些潜在的危险品处理掉。

08 小心！有毒！

周末到了，天气非常晴朗，乔治和琳达在家中看电视，觉得很无聊。

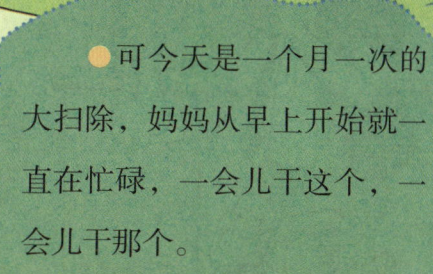

可今天是一个月一次的大扫除，妈妈从早上开始就一直在忙碌，一会儿干这个，一会儿干那个。

孩子们见妈妈如此忙碌，也想帮忙。

"你们也长大了,是应该帮忙了,如果爸爸在家的话,也一定会让你们帮忙做事情的。这样吧,你们去帮我擦玻璃好吗?"妈妈擦了擦额头上的汗水说。

乔治和琳达都拿了块抹布,蘸了点儿清洁剂,开始认真地擦起了窗户。擦了没一会儿,乔治饿了,于是随便洗了一下手,来到厨房,用手抓起一块比萨饼准备开吃,冷不防被妈妈一句话喝止了。妈妈严肃地说:"别吃!"

乔治吓了一跳,站在那儿不知所措:"怎么啦?"

● 妈妈走过去看了看乔治的手:"乔治,你有洗手吗?"

● 乔治连忙伸出手来,让妈妈检查:"当然洗了,不信你看!"

● 妈妈来到乔治身边,认真地看了看他的手,还凑到跟前闻了闻:"嗯,是洗了,但是洗得不够干净。"

●乔治不解地说："怎么会不干净呢？我手上的泡沫都洗掉了呀。"

●妈妈摇摇头，说："泡沫是洗掉了，但是还有残留。不信你自己闻闻看，手上是不是还有清洁剂的味道？"

●乔治闻了闻，手上真的有一股淡淡的清洁剂的味道。乔治满不在乎地说："只有一点点嘛，那又怎么了？"

妈妈却严肃了起来，说："清洁剂在平时使用的时候虽然没有毒，但它是不能食用的。"

乔治好奇地问："为什么不能吃到肚子里呢？会有危险吗？"

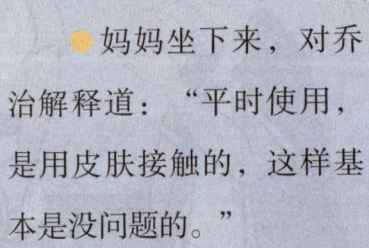

妈妈坐下来，对乔治解释道："平时使用，是用皮肤接触的，这样基本是没问题的。"

● 一旦吃进肚子里,就会毒害身体,轻则会出现拉肚子或肠胃不适等情况,严重的可能要去医院就诊!"

● 乔治急忙跑到水龙头前,拧开水龙头,认认真真地把手洗干净了。然后他把手凑到鼻子前闻了闻,确定一点儿味道都没有了,才又走了回来。

洗干净

● 正好琳达也进了厨房,妈妈对两个孩子说:"家里使用清洁剂要适量,用后要彻底清洗干净,记住了吗?"两人点了点头。

安全提示！

★清洁剂是日常用品，看起来很安全，用起来也很方便，但是绝对不能吃到肚子里。因为这些清洁剂一旦进入人体内，就会使血液中钙离子浓度下降，血液酸化，人容易疲倦。

★这些毒素还会使肝脏的排毒功能减弱，使原本该排出体外的毒素淤积在体内，积少成多，使人体的免疫力下降，肝细胞病变加剧，容易诱发癌症。

★清洁剂之间会起化学反应，可能会冒出有毒的气体，甚至会爆炸，所以不要将清洁剂乱配在一起使用，这是非常危险的行为。

09 嘴馋惹的祸

- 乔治今天身体不太舒服,所以没去上学,一个人在家中休息。闲得无聊的乔治想找点什么吃的,却发现家中的零食都已经吃光了。

- 乔治无奈地一屁股坐到了沙发上,就在他叹气的一瞬间,突然发现冰箱上面有一个非常漂亮的瓶子。打开一看,里面有好多漂亮的"糖球",气味闻起来特别香甜。

- 瓶子上除了那个杧果的图案乔治能很清晰地辨认,还有大量的外文。他也没多想,就倒出来一颗吃到了嘴里。嗯,味道还真是不错。乔治满意地咂咂嘴,觉得这些糖果蛮好吃的。

好吃!

● 他一边看着自己喜欢的电视节目，一边开心地吃着糖果，实在是很悠闲，身体的不舒服似乎也都好了。

● 可正当动画片演到精彩的部分时，乔治突然觉得肚子很疼，并且越来越疼。他捂着肚子，眼泪都快出来了。

● 接下来，乔治开始不停地上厕所，跑了没几次就累得虚脱了，身体没有了力气。乔治心想，一定是自己刚才身体不舒服，还没恢复好，现在犯病了。

实在受不了了,乔治赶紧打通了爸爸的电话:"爸爸,你快回来吧,我肚子疼得厉害!"

"好的,亲爱的,别慌,爸爸马上就到你的身边。"放下电话,爱维尔赶紧放下手里的工作,开车回到家中。

"亲爱的,你怎么了?早上的时候,不是只有一点儿不舒服吗?现在怎么面色变得这么难看?"

"我也不知道为什么!只是肚子疼得厉害。"爱维尔来不及多想,赶紧把宝贝儿子带到医院。

● "你都吃了些什么?"医生检查过后,问乔治。

● "我没吃什么啊。"乔治挠挠头说。

● "不可能,你好好想想!"

"我想想啊……我就是吃了一点儿糖果,可糖果怎么会让我的肚子疼得这么厉害呢?"乔治问。

"你的糖果带来了吗?"

"带来了!"乔治把还没有吃完的糖果拿出来给医生看。

"这哪里是什么糖果,是你妈妈帮别人买的瘦身药!"还没等医生说话,爸爸就一眼看出了这"糖果"的问题。

"是的,这是大人用的减肥药,但是如果吃多了,会引起腹泻、呕吐和呼吸困难的症状。"医生解释说。

知道了原因后,医生马上对乔治进行了治疗。不过,乔治可能要在床上躺上几天,因为他的身体已经虚脱了。

爱维尔一边喂儿子白米粥,一边说:"再嘴馋,东西是不能乱吃的,这回好在发现及时,下次可不希望有这样的事情再出现啊!"

乔治连连点头,向爸爸保证:"我再也不乱吃东西了。"爸爸轻轻地拍了拍乔治的头。

安全提示！

★ 没有吃过的东西和不熟悉的东西千万不能吃进肚子里去，更不能因为那些东西有好看的外表就随意塞进自己的嘴巴，因为看起来能吃或尝起来味道不错的东西不一定就真的是食物，有可能是药，也可能有毒。如果不小心吃了不该吃的食物而导致身体不舒服，要及时到医院接受治疗。

★ 想要吃自己不认识的东西，一定要问问爸爸妈妈或者身边的大人，确定没有问题之后再吃，如果大人说不能吃，一定不要吃。

10 电源插座有危险

● 晚上，爱维尔的手机没有电了，正要充电，却发现客厅里的插座都被占满了。他只好来到卧室，却发现朱琳的手机正在那儿充电。

● 爱维尔正在烦恼时，乔治进来找爸爸借手机玩。爱维尔遗憾地告诉儿子："手机没电了，插座全占满了，暂时没法充。"

● 乔治刚想说话，客厅里的电话响了，爱维尔急忙去接。

● 乔治想，自己房间里不是也有插座么，于是就拿着手机来到了自己的房间。

● 他想把手机的插头插到插座里，可是不知道怎么回事，插头怎么也插不进去。

● 乔治用力再用力，可还是不行。

● 乔治仔细观察了一下，原来插座的里面是有一扇"小门"的，平常的时候它是关着的，当有东西插进去的时候，"小门"才会被顶开。

手机的插头之所以插不进去,是因为那扇"小门"没被顶开。

明白了这一点,乔治异常兴奋,他去找了根细小的铁丝,想把"小门"顶开。

手里的铁丝刚碰到插座上,乔治就感觉浑身一疼,一种被电的疼痛让他的手再也抓不住东西了,手中的铁丝掉到了地板上,同时,家里的灯全都灭了。

○ 屋子里顿时漆黑一片，隔壁的琳达吓得尖叫了起来。

○ 待在客厅里的朱琳立即走向琳达的房间，边走边大声问："发生了什么事？"

○ 爱维尔也大声安慰道："大家不要慌，在原地站好，我去看看出什么问题了。"

○过了一会儿，灯亮了，爱维尔和乔治都来到了琳达的房间。

○爱维尔说："没事了，刚才是跳闸了。"

○乔治愧疚地说："对不起，都是我的错，我刚才用小铁丝碰了插座，所以才……"

○朱琳一听，立即扑到儿子面前，问："那你有没有被电到？"

● 乔治摇摇头："已经不疼了。"

"不疼了……"

● 妈妈紧紧地搂住了乔治，严肃地说："以后千万别碰插座了！"

● 爱维尔摸着乔治的头说："插座是通着电的，一不小心就会被电到。今天的教训可一定要记住。"

安全提示!

★ 电源插座都是通着电的,表面上看起来很安全,其实是很危险的,小孩子千万不要随便乱碰,尤其是在手上有水或拿着容易导电的物品时,不能碰带电的产品,更不能拿手或铁丝、镊子等东西去戳插孔。

★ 用铁丝或容易导电的物品碰触电源插座,不但会被电到,还会引起跳闸或更为严重的事故,危及自身安全。

11 紧急电话号码簿

周日在家的时候，乔治和妹妹琳达一起玩"过家家"的游戏。

琳达扮演医院里的医生，而乔治扮演的是病人。情节是乔治突然"晕倒"，琳达客串乔治的家人，将乔治送到"医院"，再扮演医生，对乔治进行一定的"治疗"。

乔治演得非常到位，眼睛一翻就"晕倒"了。琳达连忙跑上去帮他在地板上躺好，然后要给医院打电话。

电话号码……

● 可是，琳达突然不记得急救电话是多少了，于是只能将游戏暂停，她和哥哥一起去电话簿上找号码。

● 两个人找了好久，却始终没有找到医院的急救电话。

● 最后，还是乔治在号码簿的一个非常不起眼的地方找到了急救电话，上面写着：医院急救——120。

● 虽然已经找到了电话号码，两个人却都没有兴致继续玩下去了。

● 琳达建议："哥哥，咱们把其他紧急事件发生时会用到的电话号码都搜集一下，好不好？"

● 乔治笑着说："好呀，你和我想的一样。"两人都觉得这个想法实在是棒极了。

于是他们开始用各种方式寻找紧急电话的号码。他们上网查，翻着电话簿查……忙了大半天，终于将一系列的电话号码全部找齐，然后认认真真地记到了一个本子上。

晚上，爸爸爱维尔回到家的时候，两个孩子把劳动成果拿给爸爸看。

爸爸仔细地翻看后，露出了赞许的笑容，摸了摸乔治和琳达的头："这个聪明的方法是谁想出来的？"

● "是我！"两个人争先恐后地回答。

● 爸爸说："看来是你们一起想出来的。你们做得非常好，我们家中正好缺少这样一个记录紧急事件电话号码的电话簿。"

● 于是，这个电话簿被用心地放在了客厅的电话机旁。这样，一旦发生了任何紧急情况，都不用担心忘掉急用的电话号码了。

安全提示！

★不要小看电话簿，如果把平日里那些发生紧急情况时所需要的电话全部记录下来，那么遇到突发的危险情况时，就不会手忙脚乱。它能帮你大忙哦！

★养成会使用紧急电话的习惯，这样在遇到紧急情况时才能快速及时地处理突发情况，将危害降到最低。

12 陌生人敲门

● 朱琳要出门买菜时，琳达跑出房间抓住了妈妈的衣角，说："妈妈，我要跟你一起去。"

● 朱琳笑着点头，问乔治："乔治，你跟我们一起去吗？"

不去！

● 坐在沙发上看电视的乔治摇摇头说："不去了，我想看的那部动画片要开始了。"

● 朱琳照例叮嘱待在家的乔治："如果有陌生人敲门不要开,如果他找爸爸妈妈,你就让他给我们打手机。"乔治点头答应。

● 妈妈和妹妹走后没多久,门外传来了几下敲门声。

● "谁啊?"正在看动画片的乔治警惕起来。爸爸妈妈每次回来都会自己开门,因为他们都有钥匙,而且妈妈走之前也叮嘱过,陌生人一律不许进家门。

门外的人急了,说话声音凶了起来:"别浪费我的工作时间,我还有好多层楼的热水器要检查呢!"

乔治听到这样的语气警惕起来了,他偷偷地望向门外,发现那个人并没有穿工作人员的服装。他决定坐回沙发继续看动画片,不再理会"工作人员"的敲门。

"工作人员"又敲了一会儿,并且声音越来越大,最后几乎是在狠狠地砸门了。

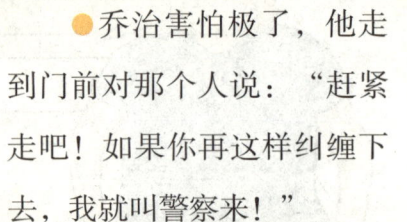

乔治害怕极了,他走到门前对那个人说:"赶紧走吧!如果你再这样纠缠下去,我就叫警察来!"

那个人停止敲门,看了看表,发现时间也不早了,只好悻悻离开。

朱琳回来后,乔治跟妈妈说了刚刚有检查热水器的工作人员敲门的事。

●朱琳连忙给管理处打电话,对方回答,根本没有什么检查热水器的工作人员。

●朱琳笑了,拍着乔治的头告诉他:"刚刚敲门的那个人是骗子,还好你没有给他开门。妈妈每天说的话你和妹妹都要牢牢记住。你看,这不今天就发生了?大人不在家,任何人敲门都是不能开的。如果真是爸爸妈妈的朋友,爸爸妈妈会打电话告诉你的。琳达,哥哥这次做得很好很对,你也要向他学习,记住了吗?"

●琳达使劲儿地点头:"嗯,记住了!"

安全提示!

★大人不在家，千万不能给陌生人开门，我们需要有防范意识，防止坏人入室抢劫或拐卖儿童。

★陌生人经常会以工作人员、父母朋友的身份来诱导孩子开门，所以，我们一定要提高警惕。

★如果有检查管道、电器的工作人员来敲门，可以委婉地告诉对方晚一点再来，或者把家里的电视声音音量调高让他们以为家里是有人的，决不能自作主张给他们开门。

★如果父母的朋友来敲门，先打电话向父母询问是否属实。

3 家里有盗贼怎么办

今天是周日，妈妈朱琳和爸爸爱维尔去上班，乔治去打球了，琳达自己在卧室里写作业。

突然，琳达听见客厅里有响动，她悄悄走了过去，惊恐地发现窗户大开，两个男人正在客厅里翻东西，显然家里进来了小偷。

琳达是个机灵的孩子，反应很快。她屏住气息，躲进不起眼的角落里。

● 这时琳达想起了爸爸平时常说的话:"如果遇到了自己处理不了的事,又联系不上爸爸妈妈,就找警察叔叔帮忙!"

● 想到这里,琳达踮起脚移到电话旁,连忙拨打了"110"。电话那头很快传来了警察叔叔的声音:"请问您需要什么帮助?"

● 琳达捂着话筒声音极低:"我家来了小偷!警察叔叔快来抓坏人!"

警察叔叔立即说:"小朋友,请你藏好,一定不要让他们发现你。快告诉叔叔你们家的地址,叔叔马上过去抓坏人。"

琳达清晰地报出了自己家的地址。没过多久,当两个小偷怀揣包裹爬上窗户准备离去时,几个全副武装的警察叔叔已等候在窗外,人赃俱获,琳达终于大出了口气。

一名警察叔叔摸着琳达的小脑袋,对她连声夸赞,说她遇到紧急情况时能保持冷静,毫不慌张,是个勇敢又聪明的孩子。

安全提示！！

★ 家里来了小偷，千万不要想着用自己的力量去抓小偷，一定要先报警。如果遭遇入室抢劫的歹徒，一定不要与其发生正面冲突，要以自己的生命安全为先，能躲藏起来不被发现是最好的！

★ 如果被入室抢劫的坏人发现，不要跟他争抢财物，也不要激烈反抗。尽量保持安静，不要用言语激怒歹徒，可以默默地记下歹徒的长相和体型特征，之后为警察提供破案线索。

14 天然气泄漏怎么办

这一天，朱琳和爱维尔有事不在家，乔治和琳达一起在家玩游戏。到了中午，两人都饿了，于是乔治想提前准备好饭菜，这样爸爸妈妈回到家就可以吃上饭了。

琳达拍手赞成乔治的想法。两人兴高采烈地打开厨房门，却闻到了一股臭味。

琳达捂着鼻子说："这是什么味道？好难闻呀！"她正四下查找"臭味"的来源，突然觉得很恶心，身子一晃靠在了沙发上。

乔治也闻到了那股刺鼻的味道，他一下子就反应过来："天然气泄漏了！"他立即跑到窗边推开了窗户，让新鲜空气进到屋里来，然后把妹妹琳达扶到了窗边，让她远离有毒的气体。

琳达大口大口地呼吸新鲜空气，觉得头不那么晕了。她问哥哥："我们是不是应该把家里的电源都关掉？天然气泄漏会让家里着火吗？"

乔治安慰道："没事，我们先离开这里，我去外面给爸爸妈妈打电话，让他们回来处理。"

朱琳和爱维尔接到电话后立即赶回家。他们先把天然气的总阀门关掉，然后又打电话通知维修人员上门来修理天然气管道。

● 直到这些事情都处理完，爸爸妈妈才有空坐下来听孩子们讲述事情的经过。琳达说："幸好有哥哥跟我在一起。他提醒我要赶快离开房间，我本来还想把所有的电器都关掉然后再到门外去呢。"

● 妈妈赶紧告诉她："在这种情况下，正确的做法是立即关闭天然气总阀门，但是你们不知道总阀门的位置，所以就应该赶紧通知父母，同时要去有新鲜空气的地方等待。千万不能开启或关闭任何电器设备，就连拨打电话也要远离漏气房间，不然会产生火花，引发爆炸，后果不堪设想！"

● 琳达点点头，这才觉得后怕。

15 水管漏水怎么办

● 这一天，爱维尔和朱琳出门工作，离开的时候，妈妈特意对乔治和琳达嘱咐了一些需要注意的事项，这才比较放心地离开。

● 琳达和乔治在家玩游戏，两人玩得很开心，浑然不觉地板上汇聚了越来越多的水。后来，乔治从沙发上跳到地下，这才发现地上已经积了厚厚的一摊水了。

"怎么回事？家里怎么闹水灾了啊？"乔治非常奇怪。

"这些水很干净呢，真好玩。"琳达毕竟还是个小女孩，一点也没意识到问题的严重性，居然还在乐呵呵地拍水玩。

● 乔治一边提醒她小心些别滑倒了,一边四下查看,想找到家里漏水的地方。

地上的水越来越多,乔治蹚着水走到厨房,发现水是从厨房的管道里漏出来的。琳达跟在哥哥身后,小心地提着裙子怕沾到水。但看到厨房里满是清澈的水,不由得好奇地弯腰,想要撩水玩。

● "别乱动!"乔治制止了妹妹,然后踩着凳子把屋里的电闸拉了下来,这才认真地跟琳达解释,"屋里漏水之后,要先断电,不然万一有电器漏电的话,这么站在水里会被电晕的。"

琳达觉得哥哥说得很有道理，点了点头，"那么，接下来应该怎么做呢？"

乔治四下看看，找到了厨房的总水闸，于是走上前去，把水闸也关掉了。"看到没有？发生漏水的时候，要把总水闸关掉，这样就能阻止更多的水漏到地面上。"

琳达拍着手说："哥哥好棒！漏水果然停住了。"

乔治看看房间里的水，和琳达一起去找了拖把、海绵和水桶，把地上的水一点点吸起来，然后拧到水桶里，再倒进下水道。

两个孩子忙得像两个小陀螺，琳达累得小脸通红，但是很有成就感。

朱琳和爱维尔回家后，看见屋里都收拾干净了。孩子们这么懂事，把紧急情况处理得这么好，他们觉得非常欣慰。

安全提示！

★ 在检查漏水原因前，先把家里的电源总闸门关掉，因为水会导电，很容易发生危险。

★ 先弄清楚是哪里的水管漏水，然后赶快用抹布等柔软的物品把漏水的地方缠住，防止水流四处喷溅。

★ 清理地上的水时，用拖布、海绵把水吸干，拧进水桶，倒进下水道中。告诉家长，迅速拨打维修电话，找专业工人来修理。

6 使用微波炉时如何进行安全防护

● 这一天朱琳和爱维尔都有事情要外出,并且中午不能赶回来给两个孩子做午饭,于是妈妈朱琳就对乔治和琳达说:"我把准备好的食物放在冰箱里了,如果你们饿了就用微波炉加热一下。乔治,你要照顾好妹妹,不要让我担心,知道吗?"

● 乔治很有信心地回答:"知道了!"琳达也说:"爸爸妈妈,我们会乖乖听话的。"

● 于是,朱琳和爱维尔放心地离开了。

乔治和琳达在家一起玩拼图，玩了很长时间后，琳达开始觉得肚子饿了。她想起妈妈走之前说的话，就跑到厨房，将冰箱里的食物拿出来。

🟡 琳达不会用微波炉，于是找来了哥哥乔治。乔治熟练地将食物放进了微波炉，然后按下按钮，对琳达说："稍等片刻，饭菜马上就弄好了！"

🟡 琳达听了哥哥的话后，放心地继续玩去了。就这样，不知不觉又过了好久，两个人玩得起劲，都忘记了还有食物放在微波炉里。

●也不知到底过了多长时间,妈妈回来了。她看到乔治和琳达正在玩拼图,就问:"你们吃午饭了吗?"

●这个时候,两个孩子才想起来,午饭没吃,食物还放在微波炉里,急忙跑过去把食物拿了出来。

●琳达这才发觉自己已经非常非常饿了,拿着食物就想吃,却被妈妈制止了。妈妈说:"先别忙吃,你们说说,这些食物放在微波炉里多长时间了?"

乔治看了看表，回答说："两个多小时了吧。"

妈妈说："微波炉里是一个密闭的空间，空气不流通，加热之后温度又高，所以很容易滋生细菌，食物放在里面很快就会变质。所以呢，用微波炉加热食品，应该尽快拿出来吃掉。你们手里的食物放在这里面都两个多小时了，你们想想，这里面长了多少细菌、病菌？这样的东西，你们还敢吃？"

乔治和琳达一听，连忙放下了手中的食物。妈妈先让他们吃了几块饼干充充饥，然后亲自下厨，很快就为他们做好了一桌美餐。

安全提示！

★ 微波炉里的食物加热后如放置超过两个小时，尽量不要食用，否则可能会引起食物中毒。

★ 不要把普通的塑料器皿放到微波炉里进行加热，因为高温会使塑料器皿产生有害物质，给人体带来危害。

★ 不要在微波炉中加热油炸食品，因为在高温下油炸食品里面的油会发生飞溅，甚至会导致火灾。

★ 带壳的食物，比如鸡蛋一类，不可以直接放在微波炉里进行加热，因为会引起爆炸，应该把鸡蛋打到器皿中，再放进微波炉。

17 被开水烫伤怎么办

● 琳达发热,而且病得比较严重,整天躺在床上,没什么精神。爸爸妈妈悉心地照料了好几天,琳达的病情才渐渐好转。

● 这一天,爸爸妈妈都要去上班,他们走的时候,非常认真地叮嘱乔治,要他好好照顾妹妹,按时给琳达吃药。

● 爸爸妈妈离开之后,又过了一会儿,乔治按照妈妈的吩咐,喂琳达吃药。可琳达最怕吃药了,躲躲闪闪地不肯吃。她知道爸爸妈妈都不在家中,而哥哥乔治一向都很好说话的,所以一直在嘻嘻哈哈地撒娇,说:"我没病嘛,我不吃药!"

● 乔治哄了半天都不管用，把水热了一遍又一遍，琳达说什么也不肯吃药。最后，好脾气的乔治终于生气了，他拿起热水壶兑好一杯温开水放到琳达面前，命令琳达快点吃药。他还威胁琳达："如果你再不肯吃药，我就打电话告诉爸爸妈妈，让他们回来喂你吃！"

● 琳达一点儿也不害怕，昂着头说："爸爸妈妈都在上班，不会回来的！我才不怕你呢，看你能把我怎么样！"

● 乔治被她气得没办法，拿起那杯温开水，试图再次哄劝妹妹。不料，忙乱之间一不小心碰翻了桌边的热水壶，开水溅到了琳达的手臂上。

● 琳达被开水烫伤了,疼得哇哇大哭,怪哥哥不小心,害自己受伤。

● 乔治顾不上跟她拌嘴,连忙去找来凉水,把琳达的伤处冲洗了一下,然后拿来盛着凉水的水盆,让她把手臂被烫伤的部位放到凉水里浸泡。好在手臂被烫伤的面积不大,也不很严重,只是看起来红红的,有点儿吓人。

● 过了一会儿,琳达不哭了。乔治关切地问她:"还疼不疼了?"

○琳达觉得手臂上凉凉的，的确不怎么疼了，但她不想那么快原谅哥哥，所以还是点点头。她看着自己的伤处，红肿居然渐渐消退了，也没有起水泡。

○没想到哥哥的办法还挺管用的！琳达心里想。

○乔治也不敢再劝琳达吃药了，他怕琳达再倔起来又发生什么意外，可想起妈妈的嘱咐，又非常着急。

○爸爸妈妈一回到家，琳达便跑过去告状，说哥哥把自己给烫伤了。但是她身上一点红肿的痕迹都没有，根本找不到烫伤的证据。乔治有点尴尬，藏在角落里对着琳达做鬼脸。琳达自己也有不对的地方，就乖乖地吃了药，几天之后，她的病彻底好了。

18 突然停电怎么办

● 星期六晚上,爸爸妈妈还没下班,乔治在客厅里看动画片,琳达在房间里看漫画书。

● 突然,整个房间一下子陷入了一片漆黑,包括屋外也一点灯光都没有了。琳达吓得大声尖叫起来。

● 乔治立刻反应过来是停电了,他忙摸着黑推开琳达的房门,连声安慰着琳达:"没事,别怕,只是停电而已。你看窗外,这一片街区都停电了,肯定马上就有电力公司的人来修理了,我保证一小会儿后就能来电的。再说爸爸妈妈也很快就回来了。"

琳达的声音都在颤抖:"哥哥,我怕黑。"

乔治无奈,他想了想,让琳达乖乖在床上躺好,然后摸黑走到爸爸妈妈的卧室里寻找蜡烛。

他小的时候也怕黑,但每次爸爸在他房间里点起蜡烛,他就觉得很有安全感,一点儿也不怕了。

● 果然，当乔治点燃蜡烛后，琳达放松了很多。

● 琳达接过乔治手里的蜡烛，想要照着路自己去上厕所，可是她只顾看蜡烛了，一不小心，"啪"地摔倒在地上。幸好地上有厚厚的地毯，她没有摔伤。

● 乔治忙跑过来扶起妹妹，说："小心些呀！停电的时候走路一定要当心。来，我帮你拿蜡烛。"

● 爸爸妈妈下班回来后,见家中一片漆黑,就到处找两个孩子,以为他们被吓坏了,却发现他俩没有待在屋里,而是惬意地手拉着手,坐在阳台上数星星。

● 爸爸赞许地看了看两个孩子,然后找来许多蜡烛,在客厅和每个房间里都点上一根。很快,整个屋子都明亮了起来。

● 但爸爸妈妈更愿意跟孩子们一起,待在阳台上数星星,一家人就这样享受着这个宁静美好的夜晚。

安全提示！

★家里应该时刻准备手电筒以防停电。但不要准备蜡烛，避免使用不当造成火灾。

★停电的时间一般不会很久，尽量不要四处走动，避免因为碰到一些尖锐的器物而受伤，如果需要走动，应放慢脚步，时刻注意前方和脚下的路。

★不要趁停电去触碰电闸或电器，以免突然来电时因触电而受伤。

★停电后，如果用蜡烛照明，应该把点燃的蜡烛放在孩子碰不到的地方，并远离易燃易爆物品。

19 厨房里的安全隐患

"妈妈,我现在是一名少先队员了,老师说我们要帮家里做更多力所能及的家务,表姐都已经会做菜了,我也想学。"朱琳在厨房做菜,琳达站在门口探头探脑地说。

"进来吧,那妈妈今天就先教你两个简单的,一会儿给爸爸和哥哥尝尝好不好?"看着这么懂事的女儿,朱琳感到非常欣慰。

朱琳教琳达的第一道菜是西红柿鸡蛋汤,她从冰箱里拿出了两个西红柿和一个鸡蛋:"这道菜的准备工作比较简单,先把西红柿切好,但切的时候一定要注意刀口,不要被划伤。鸡蛋打好后搅拌均匀就可以了。"

● 朱琳站在旁边一边指导一边帮琳达"打打下手",她拿起菜刀咔嚓几下,就把西红柿切成大小均匀的几瓣,然后让琳达将鸡蛋在碗边轻轻一敲,磕破后打入碗里,拿筷子搅拌直至均匀。

● 一切准备就绪后,朱琳让琳达接半碗水倒在洗净的锅中。"现在可以打开天然气了,但是做完饭后一定要记得关掉。"妈妈说。

● 几分钟后,那些水已经在锅里打滚了。"水在锅里打滚说明已经烧开了,现在把西红柿倒下去吧!"琳达端起切好的西红柿轻轻地往锅里倒。

● "接下来,在锅里放入一小勺盐。""还需要放其他的吗?""其他的最后再放。"母女俩一边操作一边交流。

● "妈妈,水又开了!现在是不是把鸡蛋倒下去呢?""对,现在把鸡蛋倒下去,不过在倒鸡蛋的时候要一边搅拌一边往下倒,不然堆成一团就没法吃了。"朱琳提醒道。

● 琳达完全按照妈妈的指示做,等她把碗里的鸡蛋完全倒入锅中后,锅里的水又开了。"现在把天然气关掉!这个步骤是最关键的,以后无论做什么菜都不能忘记。如果忘记了,就会引发很严重的后果。"朱琳说。

● "现在这份西红柿鸡蛋汤就做好了,最后我们再放入一小勺味精和香油就可以盛出来了。"

● "哇,这是我做的西红柿鸡蛋汤!原来做菜这么容易,妈妈,以后的菜我全包了!"在厨艺上还是个初生牛犊的琳达放出了"豪言"。

"以后的我们再说,接下来还有一个可乐炖鸡翅,你再来试试?"

"那有什么问题?"

● "把鸡翅在锅底平放好,倒上可乐,可乐要漫过鸡翅,打开天然气。"这道菜就更简单了,朱琳把流程简单地讲了一遍。

● "这么简单!"琳达按照妈妈说的,一盘香喷喷的鸡翅很快就出锅了。

● 她正兴冲冲地准备端着自己的"伟大成果"朝餐厅走,朱琳立刻叫住了她:"琳达,妈妈刚刚才说过,做饭时,最不能忘记的是哪个步骤啊?不然会引发很严重的后果。"

"哦哦，我忘关天然气了。"琳达不好意思地吐了一下舌头。

"以后妈妈不在家时，千万不能一个人在厨房烧菜，不能独自玩菜刀、开天然气，知道了吗？"琳达看着妈妈严肃的表情，认真地点了点头。

晚餐时，妈妈表扬道："今天晚上的菜，可有琳达不少的功劳在里头呢！你们快尝尝。"乔治吃了直点头夸赞。

安全提示！

★洗蔬菜时，一定要清洗干净，以免造成农药中毒。

★切菜时，一定要谨慎小心，以免伤着手，刀具用完后要放回刀架上。

★做完菜后，一定要记得关闭天然气开关，否则天然气泄漏会导致无法预知的后果。

安全达人智慧营

1. 当你独自在家,有人来敲门时,下列哪种做法是正确的?(　)

A.问都不问就开门

B.通过门镜观察,觉得眼熟就可以开门

C.询问来人是谁,如果他说找你爸爸,就可以开门

D.在没得到父母允许的情况下,不给任何人开门

2. 如果你被反锁在家中,下列哪种做法是正确的?(　)

A.跳窗出去

B.用工具把家门砸破

C.打电话求助家长

D.往楼下扔东西,以引起别人注意。

3. 下列哪种温度区间是适宜洗澡的水温?(　)

A.35℃~40℃

B.35℃以下

C.40℃以上

D.温度越高越好

4. 下列哪种不良后果,有可能是在家里玩水导致的?(　)

A.泡坏地板和家具

B.摔伤

C.停水

D.A和B都有可能

5.想要过一个平安又健康的假期，下列哪种行为是不可取的？（ ）

A.偶尔和同学踢足球

B.去公园散步

C.一直待在家里看电视

D.帮妈妈做家务

6.如果在家中发现了类似糖豆一样的不明物体，下列哪种做法是正确的？（ ）

A.不管不问尝一尝

B.询问家长那是什么东西

C.顺手丢进垃圾桶

D.送给同学吃

7.独自在家时，发现小偷撬窗而入，不正确的做法是？（ ）

A.躲在角落里不出声，如果有可能，立刻拨打110报警

B.大喊大叫

C.从就近的窗户跳下去

D.B和C

8.假如家中突然出现异味，下列哪种做法是正确的？（ ）

A.迅速打开门窗通风，同时向家长求助

B.打开电视机壮胆

C.用打火机试试，是不是天然气漏气了

D.打开油烟机驱散异味

答案：1.D 2.C 3.A 4.D 5.C 6.B 7.D 8.A